Solomon Uduma Nnachi

Estado de vulnerabilidade dos produtores de cereais às alterações climáticas em Gusau, Nigéria

Solomon Uduma Nnachi

Estado de vulnerabilidade dos produtores de cereais às alterações climáticas em Gusau, Nigéria

ScienciaScripts

Imprint

Cover image: www.ingimage.com

This book is a translation from the original published under ISBN 978-3-659-90160-7.

Publisher:
Sciencia Scripts
is a trademark of
Dodo Books Indian Ocean Ltd. and OmniScriptum S.R.L publishing group

120 High Road, East Finchley, London, N2 9ED, United Kingdom
Str. Armeneasca 28/1, office 1, Chisinau MD-2012, Republic of Moldova, Europe
Managing Directors: Ieva Konstantinova, Victoria Ursu
info@omniscriptum.com

Printed at: see last page
ISBN: 978-620-8-63229-8

ÍNDICE DE CONTEÚDO

RESUMO

O estudo avaliou o status de vulnerabilidade dos produtores de grãos na estação de Gusau, no estado de Zamfara, usando dados de precipitação anual e dados de rendimento de grãos (painço, sorgo, milho e arroz) obtidos da Agência Meteorológica da Nigéria (NIMET), Lagos, Nigéria, e do Projeto de Desenvolvimento Agrícola do Estado de Zamfara (ZADP), Gusau, Nigéria. Os registros anuais de precipitação abrangeram 40 anos (1971-2010), enquanto os dados de rendimento de grãos abrangeram 15 anos (1996-2010), quando os dados estavam disponíveis no estado. Este estudo comparou a tendência de 15 anos (1996-2010) na variabilidade da precipitação anual em três safras de grãos cultivadas no Estado de Zamfara, Nigéria, a saber: painço, sorgo, milho e arroz. Os resultados dos vários testes estatísticos foram mostrados por meio de gráficos e tabelas estatísticas. As médias móveis de cinco e dez anos para as séries de precipitação anual mostraram períodos longos e secos abaixo da média de longo prazo de 1996 a 2001, com aumentos constantes acima da média desde os primeiros períodos do milênio até o final do período. Na comparação entre as tendências dos totais anuais de precipitação e o padrão de rendimento de grãos dentro desses períodos, cada padrão de rendimento de grãos para o período foi plotado em porcentagens em relação aos anos e observou-se que o painço e o sorgo eram resistentes à seca porque seus valores caíram perto ou acima do normal, indicando que eles eram capazes de lidar com um declínio na quantidade de precipitação, enquanto o milho estava abaixo do normal, exceto nos períodos entre 2003 e 2007, quando a precipitação anual parecia estar aumentando. O Coeficiente de Correlação do Momento do Produto de Pearson e a Frequência Subperiódica Pentad de Significância em alfa = 0,05 também provaram que o painço e o sorgo foram positivamente correlacionados e consideravelmente significativos em relação à precipitação, enquanto o milho foi negativo e insignificante, exceto durante o terceiro período (2006-2010). A relação entre os valores de NRI e a produtividade do arroz também foi determinada. Isso mostrou que apenas 7 dos 15 anos foram suficientemente significativos em um nível de significância alfa = 0,05, de modo que o resultado dos valores de NRI afetou muito a produtividade do arroz. A relação foi ainda testada com o uso do coeficiente de correlação do momento do produto de Pearson, que explicou que havia uma relação positiva, mas imperfeita, entre a produção de cereais e a variabilidade climática. O coeficiente de determinismo também afirmou que o total de chuvas anuais influenciou a produção de arroz em apenas 2,8%, o que foi insignificante. No entanto, as constatações desse estudo mostraram que as produções de painço, sorgo e arroz na área foram economicamente apreciáveis e efetivamente capazes de lidar com irregularidades nos atributos de precipitação tão baixos quanto 850 mm no período. A produtividade do milho apresentou uma tendência negativa de diminuição, o que é um mau presságio para os agricultores. O estudo, portanto, recomenda que, para administrar com eficácia a natureza imprevisível das estações de chuvas, o plantio da melhor variedade de sementes de grãos de curta duração em períodos de seca, a aplicação de adubos orgânicos e fertilizantes para o milho em casos de seca, a rotação de culturas para reduzir o ataque de pragas e a atualização, melhoria e monitoramento de dados climáticos contínuos para o planejamento agrícola, a execução das melhores práticas de conservação do solo para reduzir o ataque de pragas e esquemas de desenvolvimento de irrigação em larga escala implementados e apoiados pelo governo em todos os níveis melhorarão a produtividade do arroz nas áreas mais secas do Estado de Zamfara.

Palavras-chave: **Estratégias adaptativas, Mudanças climáticas, Agricultores de grãos, Estação de Gusau, Status de vulnerabilidade, Estação, Estado de Zamfara.**

CAPÍTULO 1
INTRODUÇÃO

1.1 Histórico geral do estudo

O clima global tem sido reiterado no campo da climatologia, ciência ambiental e meteorologia como algo em constante mudança (Oladipo, 1989; Ati *et al,* 2002; Olaniran, 2002; Ayoade, 2003; Ayansin, 2008; Sawa, 2010). O mais lamentável e alarmante, entretanto, é o fato de que, apesar de todas as propostas e esforços feitos para aliviar seus impactos em várias cúpulas globais por líderes mundiais, seus efeitos iminentes ainda persistem na maior parte do mundo. Além disso, desde o advento no século XIX, a saga da mudança climática continuou a testemunhar uma crescente conscientização mundial, com grandes áreas populosas na maioria das nações em desenvolvimento vulneráveis às extremidades e anomalias causadas por essas mudanças (Ministério Federal do Meio Ambiente, 2003).

As mudanças climáticas globais se tornaram um tema popular entre os climatologistas de todo o mundo (Buba, 2004; De Weerdt, 2007; Odjugo, 2007; Sawa, 2010). Há um alto grau de confiança entre os climatologistas e modeladores de que a mudança climática resultará, em média, em um mundo mais úmido. Os modeladores climáticos projetam consistentemente um aumento na precipitação média global entre 3% e 15% à medida que a temperatura aumenta de 1,5^{0}C para 5,8^{0}C entre 1990 e 2100 (IPCC, 2007). A média global, no entanto, oculta diferenças significativas nos padrões regionais de precipitação, com algumas regiões apresentando aumento, outras diminuindo e uma variabilidade interanual considerável. A mudança climática afeta os recursos hídricos por meio de seu impacto sobre a quantidade, a variabilidade, o momento, a forma e a intensidade da precipitação (Richard e Dannele, 2008). A precipitação varia consideravelmente, mesmo a uma distância de poucos quilômetros e em diferentes escalas de tempo. A variabilidade da precipitação é um parâmetro importante que influencia a produção agrícola no mundo. Ayoade (1995) afirmou que esses extremos climáticos na forma de enchentes, secas, fome e ondas de calor em muitos países, principalmente nas nações em desenvolvimento, resultaram em efeitos devastadores sobre a existência humana, a produtividade das colheitas e a segurança alimentar, com muitas famílias afetadas pela baixa condição econômica.

O Painel Intergovernamental sobre Mudanças Climáticas (IPCC, 2007), no Quarto Relatório de Avaliação, deu a definição mais aceitável de mudança climática, ao afirmar que;

Mudança climática é uma mudança no estado do clima que pode ser identificada (por exemplo, usando testes estatísticos) pelas mudanças na média de temperatura, precipitação e padrão de vento, e que persiste por um período prolongado, normalmente décadas ou mais

Em outras palavras,

A mudança climática é uma alteração de longo prazo na distribuição estatística dos padrões climáticos ao longo do tempo, que varia de décadas a milhões de anos. A mudança pode ser limitada a uma região específica ou pode ocorrer em todo o mundo.

O relatório do IPCC (2001) em Deressa, *et al.*, (2008), definiu a vulnerabilidade à mudança climática da seguinte forma;

A vulnerabilidade à mudança climática é o grau em que um sistema é suscetível ou incapaz de lidar com os efeitos adversos da mudança climática, incluindo a variabilidade e os extremos climáticos. A vulnerabilidade é principalmente uma função do caráter, da magnitude e da taxa de variação climática à qual um sistema está exposto, de sua sensibilidade e de sua capacidade de adaptação.

A mudança climática é um dos maiores desafios da humanidade, afetando tanto as gerações atuais quanto as futuras. Sem uma ação urgente e conjunta, ela danificará ecossistemas frágeis, impedirá os esforços de desenvolvimento, aumentará os riscos à saúde pública, frustrará os programas de redução da pobreza e forçará a migração em larga escala de regiões com escassez de água ou alimentos. Os custos ambientais, econômicos e sociais da inação excederão em muito o custo de tomar medidas imediatas para enfrentar as mudanças climáticas. Portanto, a adaptação é necessária no curto e no longo prazo para lidar com os impactos resultantes do aquecimento que ocorrerá mesmo nos cenários mais baixos de estabilização (Ricardo e Wirth, 2009). A adaptação é a principal maneira de lidar com os impactos de um clima em mudança. Ela envolve a adoção de ações práticas para gerenciar os riscos dos impactos climáticos, proteger as comunidades e fortalecer a resiliência da economia.

O Terceiro Relatório de Avaliação do IPCC define Adaptação como

A adaptação abrange um sistema ecológico, social ou econômico em resposta a estímulos climáticos reais ou esperados e seus efeitos ou impactos. Esse termo refere-se a mudanças nos processos, práticas ou estruturas para moderar ou compensar os possíveis danos ou para

aproveitar as oportunidades associadas às mudanças no clima (IPCC, 2001).

O relatório do IPCC (2001) definiu ainda a capacidade de adaptação, a sensibilidade e a exposição às mudanças climáticas da seguinte forma;

Capacidade adaptativa é a capacidade de um sistema de se ajustar ou lidar com os estresses climáticos reais ou esperados. Sensibilidade é o grau em que um sistema é afetado de forma adversa ou benéfica pelos estímulos da mudança climática. Exposição é a natureza e o grau em que um sistema é exposto a variações climáticas.

A mudança climática induzida pelo homem representa um novo desafio e exige abordagens de adaptação a mudanças que são potencialmente maiores e mais rápidas do que as experimentadas com a variabilidade climática natural registrada. Portanto, todos os sistemas sensíveis ao clima da sociedade (e da natureza), incluindo agricultura, silvicultura, recursos hídricos, saúde humana, assentamentos costeiros e ecossistemas naturais, precisarão se adaptar a um clima em mudança ou possivelmente enfrentarão diminuição da produtividade, do funcionamento e da saúde (EPA, 2008).

A adaptação é, portanto, um fator fundamental nos estudos sobre mudanças climáticas. A adaptação pode ser *proativa,* também chamada de planejada; isso requer a avaliação da vulnerabilidade dos sistemas naturais criados pelo homem, bem como dos custos e benefícios da ação versus inação, e o planejamento de alternativas de acordo. Essa abordagem reconhece a necessidade de levar em conta as mudanças climáticas nas decisões e a suscetibilidade de longo prazo dos sistemas aos impactos das mudanças climáticas. Ela inclui atividades realizadas sob a orientação de órgãos públicos ou privados. A adaptação também pode ser *reacionária,* o que significa que as ações são tomadas para reduzir os impactos da mudança climática ou aproveitar as oportunidades apresentadas.

O aspecto mais importante do conceito de mudança climática não é apenas os períodos envolvidos, mas também o grau de variabilidade climática a que a mudança está sujeita, bem como a duração e o impacto da vulnerabilidade dessa variabilidade sobre o homem e o ecossistema. A variabilidade climática ocorre em várias escalas de tempo. Os eventos climáticos ocorrem em escala diária e estão associados a muitos impactos na agricultura, nos recursos hídricos e na saúde (por exemplo, ondas de calor e inundações). A mudança climática é a alteração de longo prazo nas condições meteorológicas médias de um determinado local. Ela se tornará aparente como uma mudança nas médias anuais, sazonais ou mensais. Assim, a mudança climática incremental se sobreporá à variabilidade natural do clima no tempo e no espaço (Odjugo, 2010).

As causas das mudanças climáticas globais são tanto naturais quanto antropogênicas (causadas pelo homem). Na maioria das vezes, essas mudanças foram atribuídas a causas naturais, como o ciclo orbital da Terra, a variabilidade dos oceanos, a radiação solar e outras ocorrências físicas, como terremotos, placas tectônicas, erupções vulcânicas, deslizamentos de terra, ondas de calor, etc. (IPCC, 2001; Ayoade, 2003). No entanto, vários pesquisadores (DeWeerdt, 2007; Odjugo, 2007) mostraram recentemente que, nas últimas décadas, fatores antropogênicos como urbanização, desmatamento, explosão populacional, industrialização e a liberação de gases de efeito estufa (ou seja, dióxido de carbono, clorofluorcarbono (CFC), aerossóis, metano, etc.) na atmosfera são os principais fatores que contribuem para a destruição da camada de ozônio e o aquecimento global e a mudança climática associados.

A crescente conscientização de que o clima da Terra está mudando está em um ritmo alarmante e o Quarto Relatório de Avaliação do Painel Intergovernamental sobre Mudanças Climáticas (IPCC, 2007) afirma que a mudança climática não está mais em dúvida, mas agora é inequivocamente aparente com base em evidências de observações científicas de aumentos nas temperaturas médias globais do ar e do oceano. Embora o clima extremamente violento tenha ocorrido ao longo da história, o recente aumento dos riscos relacionados ao clima está confirmando o argumento do aquecimento global e da mudança climática (McGuire *et al.*, 2002; Odjugo e Ikhuoria, 2003; Nwafor, 2006). Observou-se que a mudança climática em evolução, juntamente com o aumento da temperatura, faz com que algumas localidades passem a enfrentar condições climáticas extremas (Olaniran, 2002; Ayoade, 2003; Odjugo, 2005). Espera-se que a mudança climática em curso e o aquecimento global associado causem padrões climáticos distintos em diferentes zonas climáticas, o que terá um impacto negativo sobre o ecossistema (Hengeveld *et al.*, 2005; Ayuba, *et al.*, *2007).*

As evidências disponíveis mostram que, embora a mudança climática seja global, da mesma forma que seus impactos, os efeitos serão mais sentidos pelos países em desenvolvimento, especialmente no continente africano, devido ao seu baixo nível de tecnologia e capacidade de enfrentamento, tornando essas áreas vulneráveis (Jagtap, 2007; Nwafor, 2007). Até 2020, prevê-se que entre 75 e 250 milhões de pessoas na África estarão expostas ao aumento do estresse hídrico; a produtividade das colheitas da agricultura de sequeiro poderá ser reduzida em até 50% em algumas regiões até 2020; a produção agrícola, incluindo o acesso a alimentos, poderá ser gravemente comprometida (IPCC, 2007). Além disso, Houghton (1997) afirmou que a mudança climática continuaria a aumentar as disparidades na produção de cereais entre os países desenvolvidos e em desenvolvimento. Em seu modelo, a produção no mundo desenvolvido tendia a se beneficiar das mudanças climáticas. A adaptação em nível de fazenda faz pouco para reduzir essas disparidades. Ele enfatizou que os preços dos cereais e, portanto, a população em risco de fome nos países em desenvolvimento provavelmente aumentarão apesar da adaptação.

1.2 Mudanças climáticas e produção de grãos na Nigéria

A Nigéria é um desses países em desenvolvimento que já está sofrendo com problemas agrícolas. Prevê-se que temperaturas mais altas, secas mais longas e tempestades cada vez mais frequentes e violentas exacerbarão o atual desafio enfrentado pelos sistemas de produção agrícola na Nigéria. Eboh (2009) afirmou que os efeitos da mudança climática devem se manifestar por meio de mudanças nos regimes de terra e água, especificamente, mudanças na frequência e intensidade das secas, inundações, escassez de água, agravamento das secas, agravamento das condições do solo, desertificação, doenças e surtos de pragas nas plantações e na pecuária.A mudança climática já está excedendo gradualmente a capacidade de adaptação de uma ampla gama de culturas e populações de árvores usadas na Nigéria dez anos antes da previsão do modelo climático do IPCC para 2020 (IPCC, 2007). Embora a Nigéria seja abençoada com uma vasta massa de terra totalizando 98,3 milhões de hectares, com cerca de 74 milhões de hectares aráveis, juntamente com a contribuição da agricultura para o Produto Interno Bruto (PIB) do país de cerca de 41,5%, ainda assim é um importador líquido de alimentos e a produção de alimentos per capita da Nigéria está entre as menores da África do Sul Saariana. A participação dos produtos agrícolas da Nigéria no total das exportações despencou de mais de 70% na década de 1960 para menos de 2% em 2010 (Akoroda, 2010). Na Nigéria, as perdas pós-colheita são de 20 a 40% porque as técnicas de colheita, processamento e armazenamento são ineficientes e o fornecimento é instável (The Nigerian *Guardian* Newspaper, 16 de outubro de 2011).

A produção de alimentos e o acesso a eles, em muitas partes secas do país, estão se tornando mais exorbitantes e, em alguns casos, escassos, severamente comprometidos, exacerbando os problemas de segurança alimentar, desnutrição, pobreza, fome, doenças e conflitos comunitários resultantes da perda de 92.000 hectares de terra para a seca e a desertificação (Comissão para o Desenvolvimento Sustentável, 2008). Isso está associado à disputa e à divisão de terras férteis limitadas. Os pesquisadores associaram esses problemas à mudança climática, que invariavelmente afeta a produção agrícola na África Subsaariana (Odjugo e Ikhuoria, 2003; NEST, 2003; Chindu e Nyelong, 2005; Odjugo, 2005; Adefolalu *et al,* 2007; Ikhile, 2007). Por exemplo, a Nigéria consome mais de 14 milhões de toneladas métricas de milho, mas produz 7,7 milhões de toneladas anualmente (Niger State Agricultural Development Project, 2010). Foi previsto que a maior parte da Nigéria terá novos climas em pelo menos metade de seu ano-safra atual até 2050 (IPCC, 2007). As manifestações desse efeito climático inclemente na Nigéria são mais evidentes nas regiões do norte, onde as incidências de invasão do deserto, secas e inundações (ultimamente) prejudicaram a produtividade das safras (Awosika *et al.,* 1992; Sawa, 2010). O *Weekly Trust Article* (2012) também relatou que a seca e a desertificação são responsáveis pela perda de cerca de 351.000 quilômetros quadrados da massa terrestre do país. Ela está avançando para o sul a uma taxa de cerca de 0,4 a 0,6 quilômetros por ano, especialmente ao longo da República do Níger e da fronteira nigeriana.

Nas regiões mais secas do mundo, o painço é preferido na agricultura devido à sua produtividade e ao curto período de crescimento em condições de seca e alta temperatura. O painço é uma cultura *C4*, o que significa que tem boa eficiência hídrica e utiliza altas temperaturas e, portanto, é uma cultura de verão. Uma planta *C4* usa uma enzima na fotossíntese diferente das *plantas C3* e é por isso que ela melhora a eficiência hídrica. Ela produz 4 carbonos em vez de 3 carbonos, daí o nome *C4* (e *C3).* O dióxido de carbono é fixado duas vezes nas *plantas C4* e apenas uma vez nas plantas *C3.*

Os painços Proso Pearl, Finger e Ripe head são produzidos com carinho. A Índia é o maior produtor mundial de painço. Na década de 1970, todas as safras de painço colhidas na Índia eram usadas como alimento básico. Em 2009, a Nigéria foi o segundo maior produtor mundial de painço, seguido por outros países da África Subsaariana, como Níger, Mali, Burkina Faso, Senegal, Chade, Sudão, Uganda e Etiópia, que contribuíram com mais de 50% dos 10 maiores exportadores de painço do mundo. Em 2010, o rendimento médio das culturas de painço em todo o mundo foi de 0,83 toneladas por hectare (FAO, 2010).

No caso do sorgo, a FAO (2010) também relatou que os Estados Unidos da América (EUA) foram os maiores produtores de sorgo doce, também conhecido como milho da Guiné, em 2008, com uma colheita de 12 milhões de toneladas, enquanto a Nigéria foi a segunda, com 9,3 milhões de toneladas. Em 2009, os EUA continuaram na liderança, com 9,7 milhões de toneladas, e os quatro maiores produtores seguintes, em quantidades decrescentes, foram Índia, Nigéria, Sudão e Etiópia. O mundo colheu 55,6 milhões de toneladas de sorgo em 2010 e o rendimento anual médio mundial da safra de sorgo de 2010 foi de 1,37 toneladas por hectare. O sorgo requer uma temperatura média de pelo menos 25°C para produzir o máximo de grãos em um determinado ano.

Na Nigéria, o milho é uma das principais culturas de cereais para alimentação de animais e consumo humano. No entanto, apesar de seu uso generalizado em todo o país, o milho consumido na Nigéria é o milho normal. Ao contrário de outros países da África Ocidental, como Gana, a adoção e o cultivo do Quality Protein Maize (QPM) ainda são baixos na Nigéria. (Jaliya, *et al.,* 2008). Na região Sudano-Saheliana da Nigéria, o milho cresce e amadurece entre 90 e 120 dias. A média anual de precipitação mínima para a cultura é de 900 mm ou mais. A exigência de rendimento do milho nessas regiões é de cerca de 1,5 a 2,5 toneladas por hectare. Cresce melhor em solo franco-arenoso a franco-argiloso bem drenado com boa capacidade de retenção de água. As variedades incluem as de polinização aberta, como *Sammaz 9, Sammaz 10, Sammaz 17* e as variedades híbridas *V* (Maurya *et al.,* 1995). Mohammed *et al.* (2014) avaliaram o desempenho de variedades de milho com proteína de qualidade em duas zonas ecológicas da Nigéria (Samaru, estado de Kaduna e Kadawa, estado de Kano) e o estudo mostrou que a análise do peso de 100 sementes do rendimento do milho influenciada pela precipitação produziu um desempenho muito superior em Samaru do que em Kadawa, e *Sammaz 17* e *Flint Q* foram recomendadas em termos de rendimento da cultura.

Na Nigéria, o arroz *(Oryza sativa L)* é uma cultura amplamente cultivada e consumida, com alto valor de mercado. Na parte norte do país, é a quarta cultura de cereais mais importante, depois do painço, sorgo e milho, e é amplamente cultivado em regiões de terras altas, pântanos rasos e condições irrigadas. Para o arroz de terras altas, um solo bem drenado e com boa capacidade de retenção de água em uma área com precipitação não inferior a 500 mm por ano, distribuída por 3 a 4 meses, será adequado. Para o arroz irrigado e de pântano raso, é necessário um solo argiloso fértil selecionado com fonte adequada de suprimento de água para seu crescimento e desenvolvimento (Maurya *et al.,* 1995). O arroz pode ser um alimento comum cultivado no país, mas seu cultivo também levou ao aumento da concentração de metano na atmosfera.

1.3 Declaração do problema de pesquisa

A produção de grãos é um parâmetro vital usado para avaliar o impacto da vulnerabilidade devido ao mecanismo adaptativo das culturas em relação à seca quando submetidas ao estresse periódico da umidade (Jones *et al.*, 1981; Ashley, 1993).Awosika *et al.*, (1992) enfatizaram que uma causa indiscutível da fome na Guiné e na Savana do Sudão da Nigéria é a falha das culturas resultante de chuvas insuficientes ou inoportunas. Tanto a deficiência quanto o excesso de chuva podem causar a quebra de safra e, por sua vez, afetar a produção agrícola, como ocorreu durante a seca de 19681973 e de 1973-1983 no norte da Nigéria. O grupo de estudo enfatizou que o impacto agregado da seca na economia da Nigéria em 1992 causou uma queda no Produto Interno Bruto (PIB) do país entre 4% e 6%, limitando a produção de alimentos e aumentando a importação de alimentos. Maurya *et al.* (1995) também afirmaram que as chuvas fracas e irregulares e a alta taxa de evapotranspiração no período de 1984 a 1991 no estado de Sokoto aumentaram a duração do período de déficit hídrico no ano, o que afetou gravemente a produção agrícola. Sawa (2010) opinou que as áreas semiáridas, especialmente a zona Sudão-Sahel do norte da Nigéria, têm sofrido com a variabilidade climática interanual, secas e desertificação desde a década de 1960, agravadas pela diminuição esperada nas tendências de precipitação na faixa de 30 a 40% por década. As tendências de precipitação são, portanto, vitais para avaliar o índice de produtividade das culturas de grãos e o mecanismo de adaptação das culturas em relação à seca quando submetidas ao estresse periódico de umidade (Jones *et al.*, 1981; Ashley, 1993). Parry *et al.* (2004) observaram que a produtividade média global das culturas em vários países para trigo, arroz, milho e soja em 2004 foi de 10,9 toneladas por hectare (t/ha) de terra. O estudo mostrou que 73% dos países produziram 2,1 t/ha de trigo, 48% produziram 3,0 t/ha de arroz, 3,5 t/ha de milho em 71% dos países, enquanto 96% produziram 2,3 t/ha, o que não foi suficiente devido à mudança e à variabilidade do clima. Mais tarde, a equipe de pesquisa da FAO (2005) nos estados do norte da Nigéria observou que o número de agricultores sem condições de comprar alimentos aumentou entre 2003 e 2005 devido ao aumento dos preços dos alimentos como painço, arroz e milho. Em 2005, a taxa média de acessibilidade dos alimentos estava abaixo de 37% e o gasto médio por família aumentou indiscriminadamente e não acompanhou o ritmo dos preços dos alimentos, forçando as famílias a vender ou arrendar suas terras agrícolas para sobreviver. Ikuomola (2008) também revelou em sua pesquisa que a agricultura estava se tornando menos lucrativa em alguns estados selecionados do norte da Nigéria. Isso invariavelmente se traduz em mais de 63% do nível de pobreza entre a população, baixa capacidade de renda na venda de safras, baixo poder econômico dos habitantes dos estados, financiamento deficiente e irregularidades no fornecimento de fertilizantes, inseticidas e pesticidas pelas agências governamentais no momento devido. Até mesmo os programas governamentais sobre mudanças climáticas propostos anteriormente por alguns estados foram considerados inexistentes e limitados apenas a compensações devido aos altos índices de pobreza e analfabetismo.

Awoyemi, *et al.* (1986), Sowunmi e Akintola (2011) também estimaram que o painço, o sorgo, o milho e o arroz faziam parte das culturas de grãos que representam mais de 60% a 70% da produção de cereais na maioria das áreas semiáridas da Nigéria, mas dependem inteiramente das chuvas para o fornecimento de umidade, que às vezes é irregular e imprevisível. O Ministério Federal do Meio Ambiente (2003) também opinou que a maioria das culturas de grãos, como painço, sorgo e milho, faziam parte das culturas de carbono quatro *(C4)* comuns na Nigéria, funcionando acima ou abaixo das condições ideais com o aumento relativo dos níveis de dióxido de carbono (CO_2) na atmosfera. O estudo enfatizou que as mudanças esperadas no desenvolvimento e na fenologia das culturas devido à mudança climática podem causar encurtamento ou alongamento do ciclo da cultura, o que pode levar a aumentos ou reduções na produtividade e também pode afetar o valor nutricional, o sabor e a qualidade de armazenamento das culturas, enquanto os aumentos de CO_2 podem diminuir as necessidades de água das culturas ao reduzir a transpiração por unidade de área foliar.

É com base na afirmação acima que foram feitas as inferências para este estudo. A área de estudo é o estado de Zamfara, localizado na região Sudano-Saheliana da savana. A distribuição das chuvas combinada com as atividades humanas influenciou os Mecanismos de Feedback Biogeofísico (BFM), reforçando os impactos da mudança e da variabilidade climática sobre as culturas na parte norte da Nigéria; no entanto, seus impactos ainda não foram notados no rendimento de grãos no estado de Zamfara .

1.4 Objetivo e metas

O objetivo do estudo é avaliar o status de vulnerabilidade e as estratégias de adaptação dos produtores de grãos às mudanças climáticas na área de estudo. Essa meta será alcançada por meio dos seguintes objetivos:

(i) determinar as tendências de precipitação anual no estado de Zamfara de 1996 a 2010 (15 anos);

(ii) determinar o padrão de rendimento em quatro culturas de grãos, a saber: painço, sorgo, milho e arroz, de 1996 a 2010 (15 anos);

(iii) avaliar o status de vulnerabilidade dos produtores de grãos com base na necessidade de chuvas para as culturas de grãos de 1996 a 2010

(iv) determinar qualquer relação significativa entre os dados de precipitação anual e os dados de rendimento de grãos no estado de 1996 a 2010 (15 anos)

(v) adotar estratégias adaptativas úteis para os produtores de grãos a fim de minimizar as incidências das mudanças climáticas e aumentar o rendimento dos grãos no futuro, caso haja algum declínio.

1.5 Importância do estudo

Os resultados preliminares da pesquisa anual de desempenho agrícola conduzida pelo National Agricultural and Educational Research Liaison Services (NAERLS), ABU Zaria, em 2011, mostraram que, no norte da Nigéria, embora mais terras tenham sido cultivadas, o aumento da produção é marginal, atribuído à pobreza, ao baixo uso de sementes melhoradas, aos ataques de pragas e doenças e às incidências de enchentes e períodos de seca nas regiões do norte do país. De modo geral, a produção de milho aumentou ligeiramente de 9 milhões de toneladas em 2010 para 9,4 milhões de toneladas em 2011, enquanto a produção de sorgo diminuiu de 7,02 milhões de toneladas para 6,89 milhões de toneladas no mesmo período. A produção de painço foi afetada pelos prolongados períodos de seca no extremo norte e, portanto, diminuiu de 1,38 milhão de toneladas em 2010 para 1,27 milhão de toneladas em 2011. A produção total de painço, sorgo, milho e arroz, as culturas de cereais mais importantes no norte, foi estimada em cerca de 22,1 milhões de toneladas em 2011, um pouco acima dos 21,96 milhões de toneladas registrados em 2010, mostrando sinais de declínio na produção (FEWS NET Nigeria, Abuja).

Portanto, é imprescindível saber se e como a mudança climática afetou a produção de grãos na área de estudo ao longo do tempo e como os produtores de grãos se adaptaram às mudanças. Assim, investigar o atual status de vulnerabilidade dos produtores de grãos na área ajuda a propor novas estratégias de adaptação rigorosas para mitigar as mudanças e minimizar a vulnerabilidade futura.

CAPÍTULO 2

A ÁREA DE ESTUDO

2.1 Localização da área de estudo

O estado de Zamfara (Figura 1) cobre uma área total de 39.762 quilômetros quadrados (Zamfara Agricultural Rural Development Authority, 2008). Situa-se na região semiárida ou sudano-saheliana da Nigéria, na África subsaariana. O estado está localizado entre as longitudes 6^0 15/ Leste do meridiano de Greenwich e entre 12^0 10/ Norte do equador. Situa-se na parte noroeste do norte da Nigéria e faz fronteira com o estado de Sokoto e a República do Níger ao norte; com os estados de Kebbi e Níger a oeste; com o estado de Katsina a leste e com o estado de Kaduna ao sul. O estado é composto por quatorze (14) áreas de governo local.

A estação meteorológica de Gusau (estado de Zamfara) número 1206.14 está localizada na latitude $12^0$10' N do Equador e na longitude 06^0 42'E do meridiano de Greenwich. Sua altitude é de cerca de 461 metros e seu ano de fundação foi em 1942 (Nigerian Meteorological Agency, Abuja). O Nigerian Meteorological Services Department, Oshodi, confirmou que os dados da estação são suficientemente confiáveis para pesquisas climáticas desse tipo devido à sua capacidade de registrar leituras climáticas diárias. Há também um período longo e contínuo de registros diários de precipitação para a estação, e não houve realocação da estação desde sua criação em 1942; portanto, essa estação é considerada adequada para ser usada neste estudo (Sawa, 2010).

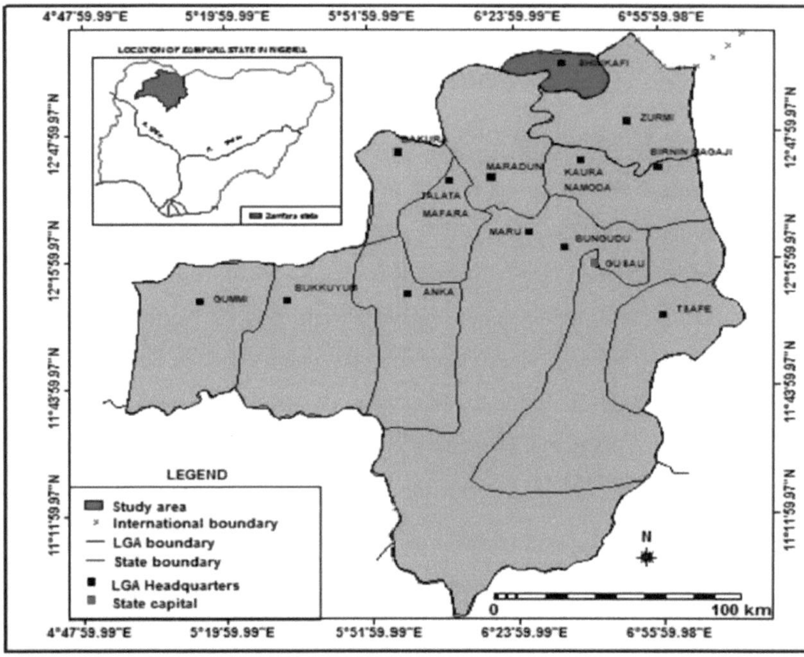

FIGURE 1: LOCATION OF STUDY AREA
Source : Administrative Map of Zamfara State, 2010

2.2 Configuração física

2.2.1 Clima

A área de estudo está localizada na zona climática subsaheliana e apresenta um clima tropical continental típico com regimes sazonais distintos e marcantes, oscilando entre harmattan seco e quente e tipos de estação chuvosa que são controlados pelo movimento aparente da Divisão de Descontinuidade Intertropical (ITD) ou da Zona de Convergência Intertropical (ITCZ). O movimento da ITD é direcionado pelos ventos alísios do nordeste e do sudoeste que sopram sobre a Nigéria, trazendo condições de harmattan seco e empoeirado e de chuvas quentes, respectivamente. (Oladipo, 1993a; FRN, 2000; Sawa, 2010).

2.2.2 Geologia e relevo

A geologia da área faz parte do cinturão geológico de Zamfara-Sokoto das rochas do complexo basal de idade pré-cambriana, que foram intrudidas por uma série de rochas graníticas de idade pré-cambriana tardia a paleozoica inferior, sob a cobertura de gnaisses, migmatitos e meta-sedimentos. A área também está localizada em uma peneplanície que consiste em vários tipos de rochas, como granito mais antigo, xisto e quartzito em várias composições (Russ 1952). A parte de granito está dividida em dois grupos: os mais jovens e os mais antigos. Os granitos mais antigos são mais difundidos. Eles formam colinas suaves e arredondadas, que caracterizam a paisagem da área do complexo do subsolo. As colinas alongadas ocasionalmente chegam a 200 metros de altura. Os granitos mais jovens, que têm idade jurássica, se intrometem no complexo do subsolo na área do platô. Além disso, há sedimentos terciários, que resultaram nos vastos depósitos minerais da área de estudo. Essas rochas foram metamorfoseadas e granitizadas de forma variável em pelo menos dois ciclos tectônicos - metamórficos, de modo que foram amplamente convertidas em migmatitos e granito-gnaisse. Essas rochas tiveram uma história complexa que envolveu várias fases de orogênese e subsequente elevação e depressão regional. Esses movimentos determinaram o padrão principal de drenagem e o padrão regional de erosão e sedimentação desde o início do período cretáceo. As rochas do complexo do embasamento foram submetidas à desnudação subaérea por milhões de anos, de modo que o terreno montanhoso regional foi reduzido a um relevo plano (Zamfara State Agricultural and Rural Development Authority, 2008). As rochas da série sedimentar (bacias sedimentares) cobrem algumas partes da superfície. Os sedimentos ocorrem como arenitos, grãos argilosos, xisto e leitos calcários, que foram depositados em condições lacustres em um centro sinclinal amplo e suave, atualmente a República do Níger (Ogezi, 2002).

Os sedimentos da bacia de Sokoto ligam as rochas do embasamento na parte central do estado de Zamfara. Essa bacia faz parte da muito maior bacia Taodeni da África. Com base em ideias tectônicas recentes, as bacias foram classificadas em bacias marginais de sag e bacias intracontinentais ou de fratura interior ou de sag interior (Ogezi, 2002).

2.2.3 Solo

A geologia, o relevo e os processos geomórficos que moldaram as formas de relevo influenciaram muito os solos (FRN, 2000). Os solos da área de estudo são classificados como solos tropicais ferruginosos lixiviados típicos, de marrom-avermelhado a amarelo-avermelhado, formados em materiais de base arenosos a argilosos e rochas ácidas cristalinas como resultado do intemperismo químico das rochas e acentuadamente laterizados, de acordo com o esquema de classificação de D'Hoore para a África (Tomlinson, 1965; Oladipo, 1993a; Maurya *et al.,* 1995; FRN, 2000). Os solos de Zamfara desenvolvidos a partir de um local bem drenado são frequentemente combinados com esterco de curral, fertilizante sintetizado, esterco de gado e outras práticas agroflorestais. Tudo isso aumenta a fertilidade do solo e permite o cultivo de grandes safras de cereais. Além disso, os solos juvenis, hidromórficos e halomórficos ao longo da Fadama e aluviais ao redor do sistema de vales são, em sua maioria, de cor cinza escuro e são muito bons para o cultivo na estação seca. Os solos hidromórficos têm maior conteúdo seco, mais fertilidade e maior capacidade de retenção de água.

2.2.4 Vegetação

A vegetação do estado de Zamfara é principalmente do tipo Savana do Sudão-Sahel, em grande parte pontilhada por poucas árvores dispersas de grande valor econômico. A vegetação natural é do tipo arbustiva, intercalada por pastagens de savana, geralmente com 1,0 a cerca de 1,5 metro de altura na estação de crescimento, e a vegetação é em grande parte decídua. As árvores dificilmente ultrapassam os 10 metros de altura e várias espécies de árvores econômicas dominantes, como a acácia, a tamareira, o carité, a goma arábica, a árvore de nim, o baobá e o algodão de seda são a vegetação mais comum (Abaje, 2007b). A cobertura vegetal é, em sua maioria, de natureza secundária, pois foi modificada por fatores antropogênicos, como queima de arbustos, cultivo excessivo, coleta de lenha e corte de árvores (desmatamento) usadas para fins de construção. Também há pressão adicional sobre os recursos de pastagem pelo gado de outros países do Sahel (FRN, 2000). Essa área constitui a principal fonte de forragem e pastagem para o gado. Portanto, o clímax climático não existe mais nessa zona atualmente.

2.2.5 Drenagem

O estado inteiro tem quatro rios principais: Ka, Bunsuru, Gagare e Zamfara. Há também vários lagos na área, principalmente o Lago Hobni, que drena toda a área. Devido ao alto déficit de água associado a essa região, o governo estadual foi obrigado a explorar e explorar as fontes de água subterrânea disponíveis na região em vez das águas superficiais. Atualmente, o método de extração de água subterrânea por meio de furos e poços cavados à mão está explorando um ou mais dos aquíferos subjacentes à área. Entretanto, o bombeamento excessivo de água subterrânea pode resultar em uma queda contínua do lençol freático (FRN, 2000).

2.3 Cenário humano

2.3.1 População

A população do estado de Zamfara foi estimada em cerca de 2.231.402 pessoas em 1991, mas a contagem da Comissão Nacional de População realizada em 2006 revelou que a população aumentou para cerca de 3.278.873. A área é ocupada por grupos de língua Hausa/Fulani, com outros grupos étnicos migrando para a área ao longo do tempo (NPC Official Gazette, 2006; Federal Polytechnic, Kaura Namoda, 2010).

2.3.2 Uso de terras agrícolas e socioeconômicas

A agricultura é um orgulho para os agricultores do estado de Zamfara. Cerca de 85 a 90% das pessoas se dedicam à agricultura como seu principal meio de subsistência e desenvolvimento econômico. O sistema de uso da terra agrícola na área é amplamente classificado como residencial rural, residencial semiurbano e rural. O cultivo misto também é predominante, com o uso de ferramentas tradicionais ou rudimentares. O sistema agrícola da região permite a produção de grãos e leguminosas, com variedades de painço, sorgo e milho ocupando 54% da área total cultivada. A produção de gergelim também está ganhando mais popularidade. O feijão-caupi, o algodão e o arroz também são amplamente cultivados, embora com algumas limitações ecológicas. O amendoim, embora tenha sido o segundo maior produto da Nigéria, está dando lugar às culturas de cereais. As culturas *de fadama* (planície inundada) na área, como tomate, pimenta, alface e cana-de-açúcar, geralmente são plantadas como culturas únicas, principalmente durante a estação chuvosa. A agricultura de conservação também está aumentando na área. Os habitantes do estado também se dedicam ao desenvolvimento maciço da pecuária, como o aumento da criação de gado, ovelhas, cabras, aves, camelos e burros. Assim, a agricultura na região se tornou bastante intensiva.

A região também tem amplas redes de boas estradas inter e intraestaduais, com a concessão de contratos para maior expansão e melhoria apoiada e patrocinada pelo governo estadual. Um sistema ferroviário é servido por uma estação no terminal de um ramal da linha oeste da rede ferroviária nacional (Federal Polytechnic, Kaura Namoda, 2010).

Alguns ministérios paraestatais e centros comerciais, como instalações bancárias e vários empreendimentos comerciais, também existem na área.

CAPÍTULO 3

MATERIAIS E MÉTODOS

3.1 Tipos de dados usados

O pesquisador realizou uma pesquisa de reconhecimento na área de estudo, especialmente no Projeto de Desenvolvimento Agrícola do Estado de Zamfara (ZADP), Gusau, Nigéria, para obter um relatório de campo em primeira mão sobre o cultivo de grãos na área. A maioria das conclusões e recomendações foi cunhada pelo pesquisador a partir de interações com funcionários do ZADP e discussões em grupos focais com indígenas da área.

Os dados secundários foram obtidos dos registros mensais de precipitação e rendimento de grãos do NIMET e do ZADP, especialmente durante os períodos em que os dados estavam disponíveis.

3.2 Metodologia

3.2.1 Dados de precipitação anual

Os registros de precipitação anual de 40 anos (1971 - 2010) para a estação de Gusau foram obtidos do Departamento de Serviços Meteorológicos da Nigéria, Oshodi, Lagos. Os coeficientes padronizados de Skewness (Z_1) e Kurtosis (Z_2) foram usados para testar a normalidade da série de precipitação anual durante os períodos especificados. Se o valor absoluto, Z_1 ou Z_2, for maior que 1,96, será indicado um desvio significativo da curva normal em um nível de confiança de 95%.

A média de longo prazo dos totais anuais de precipitação de 1971 a 2010 foi obtida dividindo-se as quantidades anuais de precipitação pelo número de anos. As médias de cinco e dez anos também foram obtidas dividindo-se os totais consecutivos pentadais e decadais pelo número de anos.

3.2.2 Dados de rendimento de grãos

Os dados de rendimento de grãos (quilograma de grãos por área de terra em hectares) produzidos pelo estado durante 15 anos (1996 - 2010) foram obtidos do Zamfara State Agricultural Development Project (ZADP). Eles incluem os rendimentos de painço, sorgo, milho e arroz. Os dados de rendimento obtidos foram derivados de quilogramas por hectare de terra de 1996 a 2010.

3.2.3 Relação entre chuvas e culturas de grãos

O coeficiente de correlação do momento do produto de Pearson *(r)* foi calculado para verificar se havia alguma relação significativa entre os rendimentos anuais de painço, sorgo, milho e arroz (variável dependente, **Y**) e os dados anuais de precipitação (variável independente, **X**) de 1996 a 2010. É uma forma de análise de regressão linear usada para determinar a força ou o índice da relação entre cultura e clima. A Pearson foi empregada porque a distribuição é bivariada, contínua e normal. Os dados de rendimento da safra e de precipitação foram harmonizados dividindo-se por 100 para evitar números falsos. O valor ***r*** deve estar dentro dos intervalos de $-1 \leq 0 \leq +1$. Se os valores tenderem a +1, isso indica uma relação positiva perfeita, mas se tenderem a -1, foi estabelecida uma relação negativa perfeita. Se o valor for 0, não há relação estabelecida.

3.2.4 Determinação do grau de influência entre as variáveis

O coeficiente de determinismo (r^2) também foi determinado pelo quadrado do coeficiente de correlação do momento do produto de Pearson (***r***). Isso indica a proporção ou porcentagem na qual as variáveis independentes nos valores **X** influenciam ou determinam o resultado das variáveis dependentes nos valores **Y**.

3.2.5 Índices para determinar o status de vulnerabilidade dos produtores de grãos

Para determinar a vulnerabilidade biofísica dos produtores de grãos às mudanças climáticas, a adoção dos valores do Índice de Precipitação Normalizada (NRI) de 1971 a 2010 foi usada como uma medida quantificável do índice de seca e inundação na avaliação de cada ano agrícola ou sazonal, a partir do qual foram elaboradas estratégias adaptativas, conforme proposto por Turkes (1996). O NRI usa totais de precipitação anual ou sazonal e o desvio padrão para indicar o nível de água de uma determinada estação. O NRI para uma determinada estação, conforme definido por Turkes (1996), é calculado da seguinte forma;

$$NRI = \frac{Rsy - LM}{SD}$$

Onde Rsy = o total de precipitação para a estação durante um ano (ou estação)

LM = a média de longo prazo (do período especificado para a estação) e

SD = Desvio padrão do total de precipitação anual (ou sazonal) para essa estação.

A tabela abaixo é uma versão modificada da classificação do índice, conforme definido por Turkes (1996)

Tabela 3.1 - Tabela do Índice de Classificação de Turkes para precipitação

Índice	Caráter da precipitação	Status de vulnerabilidade dos produtores de milho
1,31 ou mais	Muito úmido	Altamente vulnerável
0,86 a 1,30	Moderadamente úmido	Vulnerável
0,51 a 0,85	Levemente úmido	Ligeiramente vulnerável
0,50 a -0,50	Quase normal	Não vulnerável
-0,51 a -0,85	Seca moderada	Ligeiramente vulnerável
-0,86 a -1,30	Seca moderada	Vulnerável
-1,31 ou menos	Seca severa	Altamente vulnerável

CAPÍTULO 4

RESULTADOS E DISCUSSÃO

4.1 Teste de normalidade da precipitação

A série de precipitação anual da estação de Gusau, no estado de Zamfara, foi submetida ao teste de normalidade usando os coeficientes de assimetria *(Z_1)* e curtose *(Z_2)*, conforme descrito por Brazel e Balling (1986), conforme explicado na Tabela 4.1. O coeficiente de Skewness *(Z_1)* foi de 0,781, enquanto o de Kurtosis *(Z_2)* foi de 0,096. Isso indica que a série de chuvas de 1996 a 2010 não teve desvio significativo acima da curva normal (1,96) em um nível de confiança de 95%. Portanto, os dados de precipitação foram distribuídos normalmente.

Tabela 4.1: Estatísticas gerais resumidas da precipitação anual da estação de Gusau, estado de Zamfara (1996-2010)

Valor total (mm)	Média de longo prazo (mm)	DP (mm)	CV (%)	Máximo (mm)	Mínimo (mm)	Faixa (mm)	Z_1	Z_2
14875.08	991.67	302.44	30.50	1597.5	548.66	1048.84	0.781	0.096

Fonte: Análise de dados da estação de Gusau, estado de Zamfara (2012)

4.2 Estatísticas de longo prazo da quantidade de chuva anual

O desvio padrão, **SD** (302,44), ficou abaixo da **média de longo prazo** (991,67), o que mostra um desvio muito maior da média e uma tendência de tendência no padrão. O Coeficiente de Variação **(CV)** registrou uma porcentagem de 30%, o que foi apreciável.

4.3 Tendências no padrão de precipitação anual

A Figura 4.1 mostra a precipitação anual de 1996 a 2010, representada em relação aos períodos. Para especificar ainda mais o caráter da precipitação durante o período, as médias correntes de 5 e 10 anos, conforme apresentadas, foram usadas para filtrar e suavizar a série de precipitação. A tendência de precipitação com base na média móvel de 5 anos ficou abaixo da média de longo prazo desde os primeiros períodos do milênio até 2002, após o que aumentou ligeiramente acima do normal até o final do período. As tendências na média móvel de 10 anos também mostraram uma quantidade de precipitação ligeiramente normal com a média de longo prazo entre 2005 e 2007, após o que começou a aumentar acima do normal até o final do período.

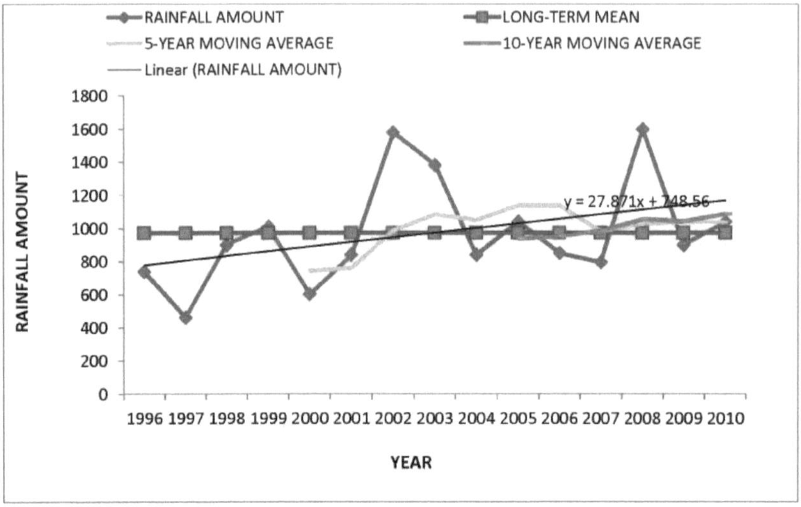

Source: Data Analysis for Gusau station, Zamfara state (2012)

Figura 4.1 - Tendências da precipitação anual na estação de Gusau, estado de Zamfara (1996-2010)

4.4 Tendências no padrão de rendimento do painço

A Figura 4.2 mostra que a porcentagem de rendimento do painço estava abaixo do rendimento normal médio de 6,7% em 1996, mas começou a aumentar de forma constante em 1997, registrando aumentos quase normais e acima do normal entre 1998 e 2002 e entre 2004 até o final do período. Isso ilustra ainda mais que a comparação do rendimento anual de

Se compararmos as quantidades de precipitação, conforme mostrado na Figura 4.1, com o padrão de rendimento do painço na figura abaixo, observamos tendências correspondentes de aumentos no rendimento do painço (y=0,1759x + 5,2609), mesmo quando a precipitação anual foi inferior a 900 mm. O painço também se desenvolveu muito bem com o aumento da quantidade de chuvas.

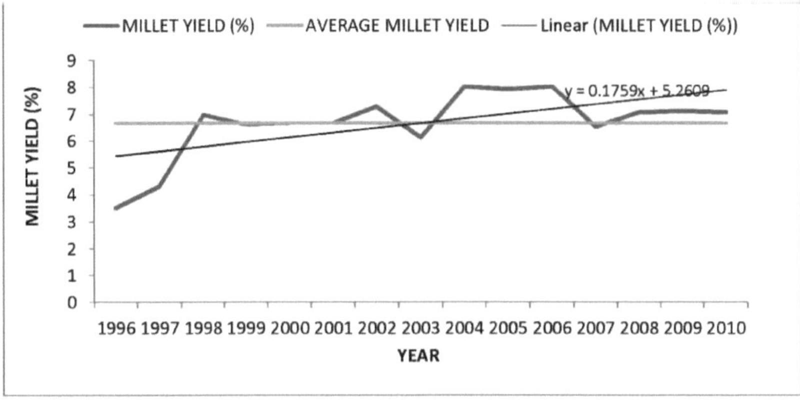

Fonte: Análise de dados da estação de Gusau, estado de Zamfara (2012)

Figura 4.2 - Tendências no padrão de produtividade do painço na estação de Gusau, estado de Zamfara (1996-2010)

4.5 Tendências no padrão de produtividade do sorgo

No caso do sorgo (Figura 4.3), o rendimento estava abaixo do normal em 1996 e aumentou de forma constante em 1997 até ficar próximo do normal entre 1998 e 2002. Em seguida, o padrão de rendimento subiu acima do normal entre 2003 e 2008, caiu drasticamente em 2009 e subiu acima do normal em 2010. A equação da linha de tendência mostra que a produção de sorgo tende a aumentar no futuro, desde que os atributos de chuva se normalizem cada vez mais. A figura ilustra que o sorgo também se saiu muito bem mesmo quando a precipitação foi inferior a 900 mm, pois a produção ainda foi significativa entre 1997 e 2001.

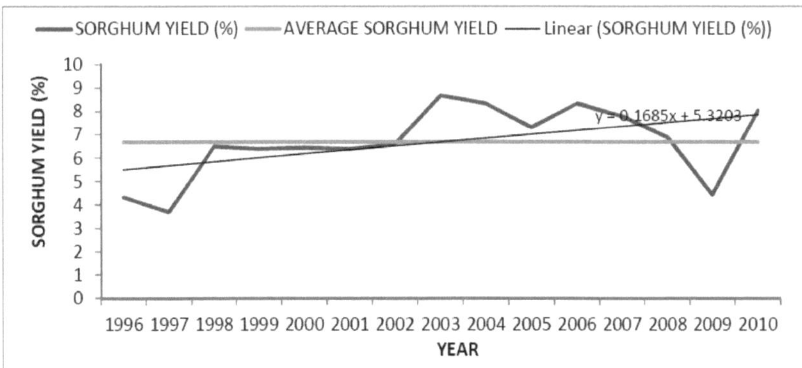

Fonte: Análise de dados da estação de Gusau, estado de Zamfara (2012)

Figura 4.3 - Tendências no padrão de rendimento do sorgo para a estação de Gusau, estado de Zamfara (1996-2010)

4.6 Tendências no padrão de produtividade do milho

A Figura 4.4 mostra um padrão flutuante no rendimento do milho em comparação com o rendimento médio de 6,67. Embora tenha sido registrado um rendimento significativo entre 2003 e 2006, a produção permaneceu abaixo do normal de 1996 a 2002 e de 2007 a 2010. Isso indica que, se a precipitação anual não aumentar, a produção de milho será gravemente afetada e vice-versa. No entanto, a equação da linha de tendência positiva (y = 0,2976x + 4,2865) mostrou que havia tendências de aumento na produção de milho no futuro, desde que os volumes de chuva aumentassem.

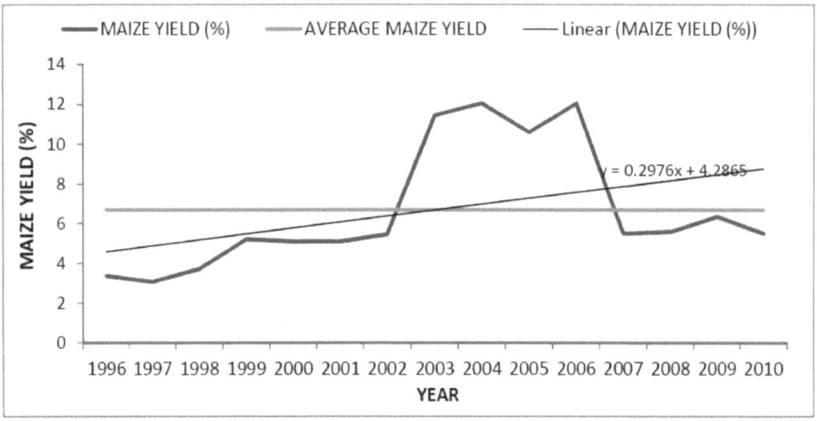

Fonte: Análise de dados da estação de Gusau, estado de Zamfara (2012)

Figura 4.4 - Tendências no padrão de rendimento do milho na estação de Gusau, estado de Zamfara (1996-2010)

4.7 Teste de relação entre cultura e clima

O coeficiente de correlação do momento do produto de Pearson *(r)* foi usado para determinar qualquer relação entre os rendimentos de grãos de painço, sorgo e milho (quilogramas por hectare) e a precipitação anual (centímetros) de 1996 a 2010. Oladipo (1993a) opinou que a variável independente (**X**) é a precipitação anual, pois sua quantidade total, intensidade, duração, variabilidade, confiabilidade e sua distribuição espacial e temporal influenciam a qualidade e a quantidade dos fenômenos de rendimento de grãos (**Y**), especialmente nas regiões tropicais em que a atividade econômica predominante é simplesmente de base agrícola.

4.7.1 Relação e importância entre precipitação e milhagem:

Tabela 4.2: Cálculo da relação entre o total anual de chuvas e o rendimento do painço

Ano	Rendimento do painço (**Y**) ('00) (kg/hectares)	Precipitação anual (**X**)(cm)	**X** - x	**Y**- y	(**X** - x) (**Y** -y)	$(\mathbf{X} - x)^2$	$(\mathbf{Y} - y)^2$
1996	*7.00	*4.60	-5.69	-6.28	+35.73	32.38	39.44
1997	8.60	9.00	-1.29	-4.68	+6.04	1.66	21.90
1998	*13.90	*10.10	-0.19	+0.62	-0.12	0.04	0.38
1999	13.20	6.00	-4.29	-0.08	+0.34	18.40	0.01
2000	13.30	8.40	-1.89	+0.02	-0.04	3.57	0.00
2001	*13.30	*15.80	+5.51	+0.02	+0.11	30.36	0.00
2002	*14.50	*13.80	+3.51	+ 1.22	+4.28	12.32	1.49
2003	12.20	8.40	-1.89	-1.08	+2.04	3.57	1.17
2004	*16.00	*10.40	+0.11	+2.72	+0.30	0.01	7.40
2005	15.80	8.50	-1.79	+2.52	-4.51	3.20	6.35
2006	16.00	7.95	-2.34	+2.72	-6.37	5.48	7.40
2007	*13.00	*16.00	+5.71	-0.28	-1.60	32.60	0.08
2008	14.10	9.00	-1.29	+0.82	-1.06	1.66	0.67
2009	*14.20	*10.40	+0.11	+0.92	+0.10	0.01	0.85
2010	*14.10	*16.00	+5.71	+0.82	+4.68	32.60	0.67
Total	**199.20**	**154.35**			**+39.92**	**177.86**	**87.81**

* *Significativo em alfa = nível de confiança de 95%*

Fonte: Análise usando o Microsoft Excel (2015)

$\sum \mathbf{X} = 154.35$

$\sum \mathbf{Y} = 199.20$

$x = {}^{\Sigma X}/_{n} = {}^{154.35}/_{15} = 10.29$

$y = {}^{\Sigma Y}/_{n} = {}^{199.20}/_{15} = 13.28$

$\sum (\mathbf{X} - x)(Y - y) = +39.92$

$\sum (\mathbf{X} - x)^2 = 177.86$

$\sum (\mathbf{Y} - y)^2 = 87.81$

$r = {}^{+39.92}/_{\sqrt{177.86 \times 87.81}} = \mathbf{+0.319}$

O coeficiente de correlação do momento do produto de Pearson *(r)* indica que houve uma relação positiva, embora não perfeita, entre o rendimento do painço e a precipitação anual de 1996 a 2010. Cerca de 87% da precipitação anual de 1996 a 2010 foi superior a 750 mm e 93% do rendimento do painço foi registrado, em média, acima de 750 kg por hectare de terra arável. Os únicos anos em que houve um declínio no rendimento foram em 1996, devido à diminuição da quantidade de chuvas.

4.7.2 Coeficiente de determinismo no rendimento do painço

Como o coeficiente de correlação para o painço foi obtido como 0,319, elevando-o ao quadrado para determinar o determinismo, obtém-se 0,102 ou 10%. Isso mostra que 10% insignificantes das variáveis nas quantidades de chuva determinam o resultado das variáveis no rendimento do painço. Isso explica por que o painço é conhecido como uma cultura resistente à seca. Seu padrão de rendimento não é perturbado pelas tendências de chuva.

4.7.3 Porcentagem do nível de significância no rendimento do painço

Em geral, houve um padrão significativo de 53% (8 de 15 valores correspondentes) no rendimento do painço devido ao resultado da precipitação no nível de significância alfa = 0,05. Um detalhamento dos anos de frequência da pêntada está registrado na Tabela 4.3.

Tabela 4.3: Frequência e porcentagem do subperíodo pentadal no nível de significância da produtividade do painço com alfa = 0,05

Anos Pentadais	Frequência	Porcentagem
1996 - 2000 (1º primeiro período)	2	25.0
2001 - 2005 (2º (segundo) período)	3	37.5
2006 - 2010 (3º terceiro período)	3	37.5
TOTAL	**8**	**100**

Fonte: Análise dos autores (2015)

A tabela acima mostra que houve aumentos significativos no rendimento do painço no 2º segundo período (2001 - 2005) e no 3º terceiro período (2006 - 2010) devido ao aumento da precipitação anual nos últimos períodos dos dados. Isso também revela que o painço é uma cultura resistente à seca, uma vez que ainda pode prosperar no 1º primeiro período (1996 - 2000).

4.7.4 Relação entre precipitação e sorgo:

Tabela 4.4: Cálculo da relação entre o total de precipitação anual e o rendimento do sorgo

Ano	Rendimento do sorgo (**Y**) ('00) (kg/hectares)	Precipitação anual (**X**)(cm)	**X** - x	**Y**- y	(**X** - x) (**Y** -y)	(**X** -x)^2	(**Y** - y)^2
1996	8.90	4.60	-5.69	-4.79	+27.26	32.38	22.94
1997	7.60	9.00	-1.29	-6.09	+7.86	1.66	37.09
1998	*13.30	*10.10	-0.19	-0.39	+0.07	0.04	0.15
1999	13.10	6.00	-4.29	-0.59	+2.53	18.40	0.35
2000	13.20	8.40	-1.89	-0.49	+0.93	3.57	0.24
2001	*13.10	*15.80	+5.51	-0.59	-3.25	30.36	0.35
2002	*13.50	*13.80	+3.51	-0.19	-0.67	12.32	0.04
2003	17.80	8.40	-1.89	+4.11	-7.77	3.57	16.89
2004	*17.10	*10.40	+0.11	+3.41	+0.38	0.01	11.63
2005	15.00	8.50	-1.79	+ 1.31	-2.35	3.20	1.72
2006	17.10	7.95	-2.34	+3.41	-7.98	5.48	11.63
2007	*16.00	*16.00	+5.71	+2.31	+ 13.19	32.60	5.34
2008	14.10	9.00	-1.29	+0.41	-0.53	1.66	0.17
2009	9.10	10.40	+0.11	-4.59	-0.51	0.01	21.07
2010	*16.50	*16.00	+5.71	+2.81	+ 16.05	32.60	7.90
Total	**205.40**	**154.35**			**45.21**	**177.86**	**137.51**

** Significativo em alfa = nível de confiança de 95%*

Fonte: Análise usando o Microsoft Excel (2015)

$\sum \mathbf{X} = 154.35$
$\sum \mathbf{Y} = 205.40$
$x = {}^{\Sigma X}/_{n} = {}^{154.35}/_{15} = 10.29$
$y = {}^{\Sigma Y}/_{n} = {}^{205.40}/_{15} = 13.69$
$\sum (\mathbf{X} - x)(Y - y) = +45.21$
$\sum (\mathbf{X} - x)^2 = 177.86$
$\sum (\mathbf{Y} - y)^2 = 137.51$
$r = {}^{+45.21}/_{\sqrt{177.86 \times 137.51}} = \mathbf{+0.289}$

No caso do rendimento do sorgo, o coeficiente de correlação do momento do produto de Pearson ***(r)*** na Tabela 4.4 indica que houve uma relação positiva, embora não perfeita, entre o rendimento e a precipitação anual de 1996 a 2010. Cerca de 93% da precipitação anual de 1996 a 2010 foi superior a 600 mm e 87% do rendimento do sorgo também foi registrado como sendo superior a 900 kg por hectare de terra arável.

4.7.5 Coeficiente de determinismo no rendimento do sorgo

O coeficiente de correlação para o sorgo é de 0,289 e o quadrado para obter o coeficiente de determinismo é de 0,084 ou 8%. Portanto, 8% insignificantes das variáveis de precipitação influenciaram o resultado das variáveis de rendimento do sorgo. A partir dessa análise, o sorgo também pode ser chamado de cultura resistente à seca, uma vez que as ocorrências na tendência de chuvas não têm efeito significativo em seu resultado geral.

4.7.6 Porcentagem em nível significativo de rendimento de sorgo

No entanto, apenas cerca de 40% (6 de 15 valores correspondentes) de aumento significativo nas quantidades anuais de precipitação levaram a aumentos nos rendimentos de sorgo no nível de significância alfa = 0,05, conforme observado na frequência subperiódica Pentad mostrada na Tabela 4.5.

Tabela 4.5: Frequência e porcentagem do subperíodo pentadal no nível de significância da produtividade do sorgo com alfa = 0,05

Anos Pentadais	Frequência	Porcentagem
1996 - 2000 (1º (primeiro) período)	1	16.7
2001 - 2005 (2o (segundo) período)	3	50.0
2006 - 2010 (3º terceiro período)	2	33.3
TOTAL	**6**	**100**

Fonte: Análise dos autores (2015)

A tabela acima mostra que houve mais aumentos no rendimento do sorgo no 2º período (2001-2005) do que em qualquer outro período, devido ao aumento das quantidades de chuva no período. O rendimento do sorgo não foi acentuado no 1º período, mas ainda assim mostrou que a cultura é resistente à seca.

4.7.7 Relação entre chuva e milho:

Tabela 4.6: Cálculo da relação entre o total de precipitação anual e o rendimento do milho

Ano	Rendimento do milho (**Y**) ('00) (kg/hectares)	Precipitação anual (**X**)(cm)	**X** - x	**Y** - y	(**X** - x) (**Y** -y)	(**X** -x)^2	(**Y** - y)^2
1996	7.00	4.60	-5.69	-6.85	+38.98	32.38	46.92
1997	6.40	9.00	-1.29	-7.45	+9.61	1.66	55.50
1998	7.70	10.10	-0.19	-6.15	+ 1.17	0.04	37.82
1999	10.80	6.00	-4.29	-3.05	+ 13.09	18.40	9.30
2000	10.60	8.40	-1.89	-3.25	+6.14	3.57	10.56
2001	*10.60	*15.80	+5.51	-3.25	-17.91	30.36	10.56
2002	*11.30	*13.80	+3.51	-2.55	-8.95	12.32	6.50
2003	23.80	8.40	-1.89	+9.95	-18.81	3.57	99.00
2004	25.00	10.40	+0.11	+ 11.15	+ 1.23	0.01	124.32
2005	22.00	8.50	-1.79	+8.15	-14.59	3.20	66.42
2006	25.00	7.95	-2.34	+ 11.15	-26.09	5.48	124.32
2007	*11.40	*16.00	+5.71	-2.45	-13.99	32.60	6.00
2008	11.60	9.00	-1.29	-2.25	+2.90	1.66	5.06
2009	*13.20	*10.40	+0.11	-0.65	-0.07	0.01	0.42
2010	*11.40	*16.00	+5.71	-2.45	-13.99	32.60	6.00
Total	**207.80**	**154.35**			**-41.28**	**177.86**	**608.70**

* *Significativo em alfa = nível de confiança de 95%*

Fonte: Análise usando o Microsoft Excel (2015)

$\sum \mathbf{X} = 154.35$
$\sum \mathbf{Y} = 207.80$
$x = {}^{\Sigma X}/_{n} = {}^{154.35}/_{15} = 10.29$
$y = {}^{\Sigma Y}/_{n} = {}^{207.80}/_{15} = 13.85$
$\sum (\mathbf{X} - x)(Y - y) = -41.28$
$\sum (\mathbf{X} - x)^2 = 177.86$
$\sum (\mathbf{Y} - y)^2 = 608.70$
$r = {}^{-41.28}/_{\sqrt{177.86 \times 608.70}} = -0.126 \qquad \boldsymbol{r = -0.126}$

O coeficiente de correlação do momento do produto de Pearson *(r)* na Tabela 1.6 indica que houve uma relação negativa, embora não perfeita, entre a produção de milho e a precipitação anual de 1996 a 2010. Mesmo com a queda nas quantidades de chuva entre 2003 e 2006, houve um rápido aumento na produção de milho.

4.7.8 Coeficiente de determinismo no rendimento do milho

O rendimento do milho foi correlacionado negativamente em -0,126 e o coeficiente de determinismo do milho é de 0,016 ou 2% insignificante. Isso também prova que o milho é uma cultura resistente à seca e, portanto, é adequado para essa área de estudo, pois, apesar do aumento ou da diminuição da precipitação, ele não foi afetado de forma alguma.

4.7.9 Porcentagem no nível de significância do rendimento do milho

O rendimento do milho pareceu cair quando a quantidade de chuva foi alta em outros anos. Isso mostra que um aumento ou declínio na quantidade de precipitação anual não alterou o resultado da produção de milho nos períodos de estudo, pois o nível de significância de 0,05 foi registrado como 33% (5 de 15 valores correspondentes), conforme visto na Tabela 4.7.

Tabela 4.7: Frequência e porcentagem do subperíodo pentadal no nível de significância da produtividade do milho com alfa = 0,05

Anos Pentadais	Frequência	Porcentagem
1996 - 2000 (1° (primeiro) período)	0	00.0
2001 - 2005 (2o (segundo) período)	2	40.0
2006 - 2010 (3° período)	3	60.0
TOTAL	**5**	**100**

Fonte: Análise dos autores (2015)

A tabela acima mostra que praticamente não houve rendimento significativo de milho no nível de significância alfa = 0,05 no 1° primeiro período (1996 - 2000). No entanto, houve uma grande melhoria no 3° período (2006-2010), o que desaprova o fato de o milho ser uma cultura resistente à seca.

4.7.10 Relação entre chuva e arroz

O índice pluviométrico normalizado (NRI) de 1996 a 2010 representa a variável independente (valores X), enquanto a produtividade do arroz é a variável dependente (valores Y), já que as variáveis climáticas afetam a produção.

Tabela 4.8: Dados da relação entre arroz e chuva

Ano	Precipitação normalizada Índice (X)(NRI)	Rendimento do arroz (Y) (quilograma/hectare)
1996	*-0.7329	*0.5976
1997	*-1.4648	*0.7636
1998	-0.3065	1.0374
1999	+0.1273	1.0580
2000	-1.1812	1.0000
2001	-0.4468	0.9553
2002	*+1.7886	*0.8790
2003	*+1.1236	*1.0650
2004	-0.4952	1.2500
2005	*+0.2894	*1.0890
2006	-0.3613	1.0000
2007	-0.6976	0.9080
2008	*+2.0031	*0.9440
2009	-0.0768	0.9300
2010	*+0.4311	*0.9440

NRI derivado do total anual, da média de longo prazo e do desvio padrão

Rendimento do arroz derivado da relação entre a produção anual de arroz e a área de terra (hectares)

** Significativo no nível de significância alfa = 0,05*

Na tabela acima, apenas 14 dos 30 valores foram suficientemente significativos em um nível de confiança de 95%, enquanto o restante não foi. Isso indica que, em sete anos, o resultado da produção de arroz foi atribuído à intensidade da precipitação anual. Entre esses sete anos, apenas dois anos (1996 e 1997) foram significativamente negativos, enquanto 2002, 2003, 2005, 2008 e 2010 foram positivos. Assim, quanto maior a quantidade de chuvas, maior a produtividade do arroz e vice-versa.

Tabela 4.9: Coeficiente de correlação do momento do produto de Pearsons e coeficiente de determinismo

Variáveis	Soma	Média	Contagem	Pearson *(r)*	Determinismo (r^2)
Valores X	0	-1.85E-17	15	0.1672	0,0279 ou 2.8%
Valores Y	14.42	0.9613	15		

Fonte: Calculado pelo autor usando o Microsoft Excel

O Coeficiente de Correlação do Momento do Produto de Pearson revelou que houve uma correlação positiva entre a precipitação e a produtividade do arroz dentro dos períodos, mas não suficientemente perfeita. Da mesma forma, o coeficiente de determinismo afirmou que apenas cerca de 2,8% dos atributos da precipitação anual influenciaram a produção de arroz na estação de Gusau, o que foi muito insignificante.

Tabela 4.10: Frequência subperiódica pentadal e porcentagem no nível de significância da produtividade do arroz com alfa = 0,05

Anos Pentadais	Frequência	Porcentagem
1996 - 2000 (1º (primeiro) período)	2	28.6
2001 - 2005 (2º nono período)	3	42.9
2006 - 2010 (3º terceiro período)	2	28.6
TOTAL	**7**	**100**

Fonte: Análise dos autores (2015)

A figura acima mostra que houve alta significância da produtividade do arroz em relação à precipitação no segundo subperíodo da pêntada (2001-2005) do que em qualquer outro ano. De um total de 15 valores, apenas 7 foram suficientemente significativos em um nível de confiança de 95%.

4.8 Índice de precipitação normalizado *(NRI)*

O Índice de precipitação normalizado (NRI) foi calculado para cobrir cada ano de 1971 a 2010. A quantidade de chuva anual ***(Rsy)*** expressa em milímetros, a média de longo prazo ***(LM)*** e o desvio padrão ***(SD)***, conforme registrado na Tabela 1.2, foram usados no cálculo do ***NRI***. Uma versão resumida do Status de Vulnerabilidade a Impactos (IVS) para a estação de

Gusau, estado de Zamfara, foi calculada abaixo, conforme proposto por Turkes (1996).

Tabela 4.11: Cálculo do índice pluviométrico normalizado e status de vulnerabilidade

<table>
<tr><th>Ano</th><th>Quantidade de chuva anual (mm)</th><th>NRI</th><th>Caráter da precipitação</th><th>Status de vulnerabilidade dos produtores de grãos</th></tr>
<tr><td>1971</td><td>440</td><td>-0.90</td><td>Seca moderada</td><td>Vulnerável</td></tr>
<tr><td>1972</td><td>560</td><td>-0.50</td><td>Quase normal</td><td>Não vulnerável</td></tr>
<tr><td>1973</td><td>400</td><td>-1.03</td><td>Seca moderada</td><td rowspan="2">Vulnerável</td></tr>
<tr><td>1974</td><td>460</td><td>-0.81</td><td>Seca moderada</td></tr>
<tr><td>1975</td><td>560</td><td>-0.50</td><td>Quase normal</td><td rowspan="9">Não vulnerável</td></tr>
<tr><td>1976</td><td>840</td><td>+0.42</td><td>Quase normal</td></tr>
<tr><td>1977</td><td>800</td><td>+0.29</td><td>Quase normal</td></tr>
<tr><td>1978</td><td>600</td><td>-0.37</td><td>Quase normal</td></tr>
<tr><td>1979</td><td>600</td><td>-0.37</td><td>Quase normal</td></tr>
<tr><td>1980</td><td>570</td><td>-0.47</td><td>Quase normal</td></tr>
<tr><td>1981</td><td>580</td><td>-0.43</td><td>Quase normal</td></tr>
<tr><td>1982</td><td>590</td><td>-0.40</td><td>Quase normal</td></tr>
<tr><td>1983</td><td>600</td><td>-0.37</td><td>Quase normal</td></tr>
<tr><td>1984</td><td>450</td><td>-0.86</td><td>Seca moderada</td><td rowspan="3">Vulnerável</td></tr>
<tr><td>1985</td><td>400</td><td>-1.03</td><td>Seca moderada</td></tr>
<tr><td>1986</td><td>450</td><td>-0.86</td><td>Seca moderada</td></tr>
<tr><td>1987</td><td>240</td><td>-1.56</td><td>Seca severa</td><td>Altamente vulnerável</td></tr>
<tr><td>1988</td><td>730</td><td>+0.06</td><td>Quase normal</td><td>Não vulnerável</td></tr>
<tr><td>1989</td><td>450</td><td>-0.86</td><td>Seca moderada</td><td>Vulnerável</td></tr>
<tr><td>1990</td><td>580</td><td>-0.43</td><td>Quase normal</td><td rowspan="2">Não vulnerável</td></tr>
<tr><td>1991</td><td>731</td><td>+0.07</td><td>Quase normal</td></tr>
<tr><td>1992</td><td>460</td><td>-0.83</td><td>Seca moderada</td><td>Ligeiramente vulnerável</td></tr>
<tr><td>1993</td><td>600</td><td>-0.37</td><td>Quase normal</td><td rowspan="2">Não vulnerável</td></tr>
<tr><td>1994</td><td>740</td><td>+0.09</td><td>Quase normal</td></tr>
<tr><td>1995</td><td>450</td><td>-0.86</td><td>Seca moderada</td><td>Vulnerável</td></tr>
</table>

1996	738	+0.09	Quase normal	Não vulnerável
1997	460	-0.83	Seca moderada	Ligeiramente vulnerável
1998	900	+0.62	Levemente úmido	
1999	1010	+0.99	Moderadamente úmido	Vulnerável
2000	600	-0.37	Quase normal	Não vulnerável
2001	840	+0.42	Quase normal	
2002	1580	+2.87	Muito úmido	Altamente vulnerável
2003	1380	+2.21	Muito úmido	
2004	840	+0.42	Quase normal	Não vulnerável
2005	1040	+ 1.08	Moderadamente úmido	Vulnerável
2006	850	+0.46	Quase normal	Não vulnerável
2007	795	+0.28	Quase normal	
2008	1600	+2.93	Muito úmido	Altamente vulnerável
2009	900	+0.62	Levemente úmido	Ligeiramente vulnerável
2010	1040	+ 1.08	Moderadamente úmido	Vulnerável

Fonte: Calculado pelo autor usando o Microsoft Excel 2015

Na tabela NRI acima, houve mais períodos (53%) em que a precipitação foi quase normal, principalmente entre 1975 e 1983. Cerca de 28% foram influenciados por ocorrências de seca. A seca severa foi registrada apenas uma vez, em 1987, enquanto a seca moderada foi registrada no início dos anos 70 e no meio e final dos anos 80. Cerca de 19% foram influenciados por aumentos nas quantidades de chuva, que ocorreram principalmente nos períodos milenares, com o pico mais alto registrado em 2008. Pode-se deduzir que o cultivo de sorgo não era vulnerável quando a precipitação anual no estado era de 600 mm a 900 mm, tornando-o uma cultura resistente à seca.

A Figura 4.5 apresenta uma representação gráfica resumida dos valores de NRI.

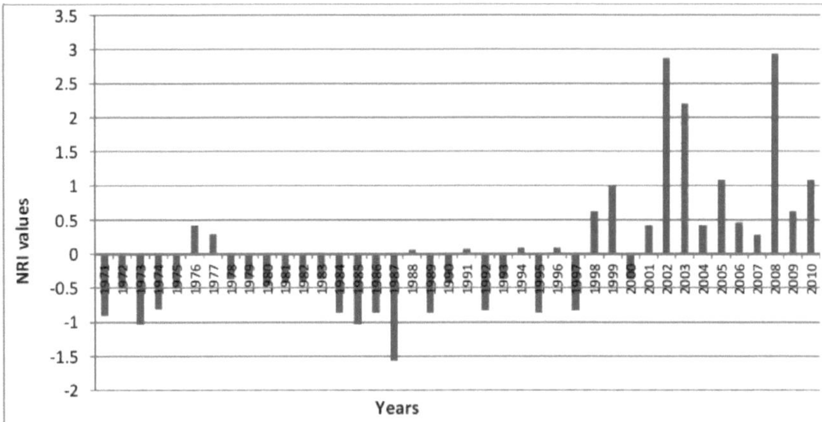

Figure 4.5- Graphical Representation of Normalized Rainfall Index values

Fonte: Análise de dados da estação de Gusau, estado de Zamfara (2015)

A figura acima mostra uma representação gráfica dos valores de NRI de 1971 a 2010. Os anos de seca foram derivados do padrão de valores NRI negativos, enquanto os anos de inundação seguiram a tendência dos valores NRI positivos. Cerca de 22 valores de NRI tenderam para o negativo, enquanto 18 tenderam para o positivo. As tendências negativas ocorreram no início do período de 1971 a 2000, enquanto as tendências positivas ocorreram principalmente na última parte do período de 1998 a 2010, com um aumento insignificante em 1976, 1977, 1988, 1991, 1994 e 1996.

4.9 Periodicidade do status de vulnerabilidade dos produtores de grãos

Tabela 4.12: Probabilidade pentadal do status de vulnerabilidade dos produtores de grãos

Períodos pentadais	**Anos de frequência da vulnerabilidade**	**Probabilidade Pentad de rendimento de grãos (produção por hectare)**				**Total**
		Rendimento do painço	**Rendimento do sorgo**	**Rendimento do milho**	**Rendimento do arroz**	
1st Pentad 1996 - 2000	3	0.28	0.27	0.25	0.31	**1.11**
2nd Pentad	3	0.36	0.37	0.45	0.36	**1.54**

2001 - 2005						
3ª terceira Pentade 2006 - 2010	3	0.36	0.35	0.35	0.33	**1.39**
Total		**1**	**0.99**	**1.05**	**1**	**4.04**

Fonte: *Cálculo do autor 2015*

** A probabilidade da pêntada foi obtida dividindo-se o total da pêntada por período de cada grão pelo total por grão de 1996 a 2010.*

A tabela acima revela que, para cada período da pêntada, os anos de frequência da vulnerabilidade dos produtores de grãos foram os mesmos e, em geral, tiveram uma grande repercussão na produção de grãos da área. O período da 1ª primeira pêntada (1996 - 2010) foi o mais afetado, com a produção de grãos caindo para 1,11 sacas/hectare, sendo que a produção de arroz liderou a classificação. O terceiro período (2006-2010) foi o próximo, com um total de 1,39 sacas/hectare, mas o rendimento do painço melhorou em relação aos demais. O período da 2ª segunda pêntada (2001-2005) registrou a maior alta entre os pacotes, com o aumento da produtividade do milho. De modo geral, entre todos os rendimentos de grãos, o sorgo registrou o menor rendimento, enquanto o rendimento do milho foi o maior. Os rendimentos melhoraram gradualmente nos períodos da 2ª e 3ª pêntadas devido ao aumento da quantidade de chuvas.

Tabela 4.13 Frequência decadal do status de vulnerabilidade dos produtores de grãos

Períodos decadais	Frequência Anos de vulnerabilidade	Anos de vulnerabilidade	Probabilidade de vulnerabilidade	Porcentagem de vulnerabilidade
1ª Década 1971 - 1980	3	1971, 1973, 1974	0.3	**30**
2nd Década 1981 - 1990	5	1984, 1985, 1986, 1987, 1989	0.5	**50**
3ª terceira década 1991 - 2000	5	1992,1995, 1997, 1998,	0.5	**50**

		1999		
4ª (quarta) década 2001-2010	6	2002, 2003, 2005, 2008, 2009, 2010	0.6	**60**

Fonte: *Cálculo do autor 2015*

A tabela acima, conforme proposta por Turkes (1996), revelou que os produtores de grãos eram mais vulneráveis ao estresse climático durante a 4ª década (2001-2010) do que em outros períodos, devido ao aumento das quantidades de chuva. Entretanto, os períodos da 2ª e 3ª décadas também registraram frequências e porcentagens mais altas de anos de seca do que o 1º período.

CAPÍTULO 5

CONCLUSÃO E RECOMENDAÇÕES

5.1 Introdução

Este capítulo resume a pesquisa realizada no capítulo anterior, conclui o estudo geral e tem como objetivo apresentar soluções significativas por meio de estratégias adaptativas para lidar com os efeitos iminentes das mudanças climáticas sobre as culturas de grãos no estado.

5.2 Conclusão e recomendações

Pode-se deduzir da análise de tendências que:

1. A precipitação anual teve aumentos significativos apenas nos últimos períodos da década de 90 e no início do milênio, caso contrário, os outros anos foram de seca e estiagem.

2. Houve uma correlação positiva entre a quantidade de chuva anual e os rendimentos do painço e do sorgo, mas uma correlação negativa com o milho.

3. Além disso, os rendimentos do painço e do sorgo prosperaram significativamente nos subperíodos da Pentade, incluindo o 1º período (1996-2000), mas o mesmo não ocorreu com o rendimento do milho. Ela só prosperou bem no 3º período (2006-2010), quando as quantidades anuais de chuva aumentaram significativamente.

4. As variáveis de precipitação influenciaram a produção de arroz no Estado de Zamfara, embora de forma não significativa, devido ao fato de a precipitação ser irregular e flutuante. Foram registrados mais anos de seca na estação do que anos de inundação, o que afetou a produção de arroz. O arroz precisa de mais umidade para amadurecer e crescer. Portanto, a ausência de umidade disponível leva a uma baixa produção de arroz.

5. Os produtores de grãos ficaram vulneráveis às mudanças climáticas principalmente nos períodos inicial e final dos dados. O início registrou sessões de seca de 1971 a 1974, enquanto os períodos posteriores registraram anos de inundação de 1995 a 2010.

Com base nos fatos acima, as recomendações deste estudo são principalmente de natureza adaptativa. Os produtores de grãos devem empregar as seguintes estratégias, tais como

1. Plantar a melhor variedade de sementes de grãos de curta duração em períodos de seca, especialmente para culturas como o milho, que não foram influenciadas por aumentos ou diminuições no padrão de chuvas.

2. A aplicação de adubo orgânico, como esterco de vaca, excrementos de pássaros, adubo

verde, resíduos agrícolas, composto e outras matérias vegetais em decomposição, e fertilizantes compostos de nitrogênio, fosfato, potássio, potássio e cálcio são importantes para a fertilidade do solo e, consequentemente, para a qualidade do rendimento da safra em casos de seca.

3. O desenvolvimento de uma instalação de processamento e armazenamento de grãos mais aprimorada é vital para os grãos de milho e deve ser incentivado e fornecido aos agricultores locais para reduzir os ataques de pragas à produção. O sorgo e o milho podem ser armazenados em espigas ou sem casca e mantidos em silos bem fechados ou em sacos de losango pulverizados com pó acetil ou até mesmo com pimenta seca. Os armazéns também devem ser higienizados. Os armazéns devem ser adequadamente higienizados por meio da pulverização de inseticidas, bem ventilados com persianas, levemente pintados e com rachaduras nas paredes para evitar o ataque de pragas de grãos.

4. Executar as melhores práticas de conservação do solo para a agricultura, como rotação de culturas, cultivo itinerante, terraceamento, uso de fungicidas para tratamento de sementes e tratamento de insetos, o que ajudaria a reduzir o ataque de pragas

5. A atualização e o monitoramento contínuo dos dados de precipitação ajudarão a melhorar a produtividade do milho em termos de planejamento agrícola. O planejamento orçamentário anual no setor agrícola deve envolver os serviços de especialistas profissionais dos institutos de pesquisa agrícola, da Agência Meteorológica da Nigéria etc.

6. Esquemas de desenvolvimento de irrigação em larga escala devem ser desenvolvidos para intensificar a agricultura, especialmente para o arroz e o milho. A água para irrigação deve ser fornecida por represas e reservatórios em áreas cobertas por rochas cristalinas (rochas ígneas e metamórficas) e por poços em áreas de rochas sedimentares. O desenvolvimento da irrigação traz inúmeros benefícios.

7. As campanhas de plantio de árvores devem ser mantidas em torno dos locais das barragens e das áreas ribeirinhas para reduzir a alta taxa de evaporação na área.

8. A criação de mais trincheiras e planícies alagadas e pantanosas facilita o plantio de arroz e a liberação de metano na atmosfera, o que, por sua vez, induz a chuvas fortes.

9. Institutos de pesquisa agrícola para fins acadêmicos devem ser estabelecidos na área para garantir que haja um planejamento futuro eficaz.

REFERÊNCIAS

Abaje, I. B. (2007b). Drought and desertification in northern Nigeria (Seca e desertificação no norte da Nigéria): Implication for Sustainable Development (Implicações para o desenvolvimento sustentável). *Journal of the School of Arts and Social Science (Jornal da Escola de Artes e Ciências Sociais)*. Estado de Kaduna. Faculdade de Educação 1(1): 226-239.

Adefolalu, D.O., Pam, J.L. e Habbi, H.M. (2007). Climate Chan ge and Safety of Air Transportation - A Nigerian Perspective (Mudança climática e segurança do transporte aéreo - uma perspectiva nigeriana). Anais da Conferência Internacional sobre os *Impactos do tempo extremo e do clima no desenvolvimento socioeconômico na África*, realizada na Universidade Federal de Tecnologia, Akure, Nigéria, de 11 a 15 de novembro de 2007. pp.1-15.

Akoroda, M.O. (2010). The Best Seeds of the Best Varieties (As melhores sementes das melhores variedades): A basis for Nigeria's food security. *Palestra inaugural proferida na Universidade de Ibada n,* 22nd de abril. Imprensa da Universidade de Ibadan.

Ashley, J. M. (1993). Drought and Crop Adaptation, em: J.R.J Rowland (eds), *Dry land Farming in Africa,* Macmillan /CTA, pp.46-67.

Ati, O. F., Stigter, C.J. e Oladipo, E. O. (2002). A Comparison of Methods to Detect the Onset of Growing Season and its Trends for some stations in the Sudan Savannah in northern Nigeria, *International Journal of Climatology*. 22: 731-742

Awosika, L. F., French G.T., Nicholls R. J. e Ibe, C. E. (1992). Impacts of Sea Level Rise on Nigeria (Impactos da elevação do nível do mar na Nigéria), IN: *Proceedings in IPCC Symposium on the Rising Challenge of the Sea Margarita Island, Venezuela*, 14-19 de março de 1992.

Awoyemi, O. *et al.,* (1986). *Meeting the Challenges of Cereals Self-sufficiency in Nigeria with special reference to Rice, Maize, Millet and Sorghum*, 4th Joint NAFPP Workshop Feb.1986; Ibadan, Nigeria. pp. 17-20.

Ayansin, A. (2008). Spatio-Temporal Interpolation of Seasonal Rainfall Variability in the Guinea Savannah part of Nigeria, IN: *Journal of Advanced Natural and Applied Sciences,* 2(3): 233-242, Rede Americano-Eurásia de Informação Científica.

Ayoade, J. O. (1995). *Climate and Human Welfare (Clima e bem-estar humano)*. Palestra inaugural da Universidade de Ibadan, Ibadan, Nigéria.

Ayoade, J. O. (2003). *Climate Change (Mudança climática): A Synoptic of its Nature, Causes, Effects and Management*. Vantage Publishers, Ibadan, pp. 45-66.

Ayuba, H.K., Maryah, U.M. e Gwary, D.M. (2007). Climate Change impact on plant species composition in six semi-arid rangelands of Northern Nigeria, *Nigerian Geographical Journal*. 5(1):35-42

Buba , A.D. (2004). Climate Change and Water Problems in Chad Republic (Mudanças climáticas e problemas hídricos na República do Chade). *Journal of Arid Environmnent* 3(2):42-50

Brazel, S.W. e Balling, R.C. (1986). Tropical Analysis of Long-term Atmospheric Moisture levels in Phoenix Arizona (Análise tropical dos níveis de umidade atmosférica de longo prazo em Phoenix, Arizona). *Journal of Climate and Applied Meteorology*. Vol. 25. pp. 112-117.

Chindu, A. e Nyelong, P.N. (2005). Lake Chad: From Mega lake to Mini lake, *Arid Wetland Bull.* No. 6: 24-27.

Deressa, T., Hassan, R.M. e Ringler, C. (2008). Measuring Ethiopian Farmers' Vulnerability to Climate Change across regional states (Medindo a vulnerabilidade dos agricultores etíopes às mudanças climáticas nos estados regionais). *Environm ental and Production Technology Division, International Food Policy Research Institute* 2033 K street NW.

De Weerdt, S. (2007). Climate Change Coming Home (Mudanças climáticas voltando para casa): Global warming effect on populations (Efeito do aquecimento global sobre as populações): *World Watch*. 2(3) 6-13.

Eboh, E. (2009). Implications of Climate Change for Economic Growth and Sustainable Development in Nigeria (Implicações da mudança climática para o crescimento econômico e o desenvolvimento sustentável na Nigéria). *Documento de política do fórum de Enugu 10*. Instituto Africano de Economia Aplicada. Nigéria

Organização das Nações Unidas para Agricultura e Alimentação (FAO) (2005). Variabilidade e mudança climática: A challenge for sustainable Agricultural Production (Um desafio para a produção agrícola sustentável) em um comitê sobre agricultura: http://apps.fao.org

Organização das Nações Unidas para Agricultura e Alimentação (FAO) (FAO) (2010). Crop Water Information: Maize. Organização das Nações Unidas para Alimentação e Agricultura, bancos de dados agrícolas, Recursos Naturais e Meio Ambiente Department. http://apps.fao.org/.

Ministério Federal do Meio Ambiente (2003). *Nigeria's First National Communication (NFNC) under the United Nations Framework Convention on Climate Change (Primeira Comunicação Nacional da Nigéria) no âmbito da Convenção-Quadro das Nações Unidas sobre Mudanças Climáticas*. República Federal da Nigéria, Landmark Publications, 206, Ikorodu Road. Palm-grove, Lagos, Nigéria.

República Federal da Nigéria (FRN) (2000). *Programa de Ação Nacional (NAP) para combater a desertificação e mitigar o efeito da seca no país.* Em direção à implementação da Convenção das Nações Unidas.

Hengeveld, H., Whitewood, B. e Fergusson, A. (2005). An Introduction to Climate Change: A Canadian Perspective. *Environment Canada, Canadá*, pp. 7-27.

Houghton J.T. (1997). *Global Warming (Aquecimento Global): Complete Briefing.* Cambridge University Press. pp 3-5 Painel Intergovernamental sobre o Clima (IPCC) (2007). Climate change 2007: *Relatório de síntese. Summary for policy makers,* disponível em: http://www.ipcc-wg1-ucar.edu/wg1/wg1- report.htm, (acessado em 26 de outubro de 2009). pp. 1-22.

Ikhile, C.I. (2007). *Impacts of Climate Variability and Change on the Hydrology of water (Impactos da variabilidade e mudança climática na hidrologia da água).*

Geography and Regional Planning De partment, University of Benin, Benin City, Nigéria.

Ikuomola, D.A. (2008). The Socio-economic Implication of Climate Change, Desert Encroachment and Communal Conflicts in northern Nigeria. Trabalho de pesquisa apresentado na *Conferência do* 250° *aniversário da Sociedade Real Norueguesa de Ciências e Letras sobre Mudança Climática e Segurança,* pp. 1-25.

Painel Intergovernamental sobre Mudanças Climáticas (IPCC) (2001). Flood risk and vulnerability in the changing climate (Risco de inundação e vulnerabilidade no clima em mudança). Anais da Universidade de Ciências da Vida de Varsóvia - SGGW. Land Reclamation No 39, 2008: 21-31 (Ann. Warsaw Univ. of Life Sci. - SGGW, Land Reclaim. 39, 2008)

Painel Intergovernamental sobre Mudanças Climáticas (IPCC) (2007). Summary for Policymakers. IN: Climate Change 2007: *Impacts, Adaptation and Vulnerability.* Contribution of Working Group II to the Fourth Assessment Report of the Intergovernmental Panel on Climate Change, M. L. Parry, O. F. Canziani, J. P. Palutikof, P.J. van der Linden e C. E. Hanson, Eds., Cambridge University Press, Cambridge, UK, 7-22.

Japtap, S. (2007). Managing Vulnerability to extreme weather and climate events (Gerenciando a vulnerabilidade a eventos climáticos e meteorológicos extremos): IN *Conferência Internacional sobre os impactos de condições meteorológicas e climáticas extremas no desenvolvimento socioeconômico na África, realizada na Universidade Federal de Tecnologia, Akure, Nigéria.* 11-15 de novembro de 2007. pp 1-15

Jaliya, M. M., Falaki, A. M., Mahmud, M. e Sani, Y. A. (2008). Effect of Sowing Date and NPK Fertilizer rate on the yield and yield components of Quality Protein Maize, *ARPN Journal of Agricultural and Biological Science* 3:2-9

Jones, C.A., *et al.,* (1981). Mechanisms of drought tolerance in crops (Mecanismos de tolerância à seca em culturas), em: *Food crops and Drought: The Tropical Agriculturalist,* Macmillan Education Ltd, Londres e Basingstoke, pp. 18-27.

Maurya, P. R.,Adeoti, A. A. e Shebayan, J. A. (1995).*Crop production manual.Sokoto* Agricultural Development project.Sokoto.pp 1-5

McGuire, B., Macon, L. e Kilburn, C. (2002). Natural Hazards and Environmental Change, Arnold, Londres, pp. 13-61.

Mohammed, H., Akhadelor, M.O., Mohammed, M.U., Yusuf, A., Mohammed, A., Aliyu, S., Usman, J.G.,

Abubakar, S e Mukhtar, I. (2014). Performance of Quality Protein Maize Varieties in Two Ecological Zones of Nigeria (Desempenho de variedades de milho com proteína de qualidade em duas zonas ecológicas da Nigéria), IN: *Zaria Geographer,* Vol. 21, No. 1, 2014, pp. 85-95.

Comissão Nacional de População (NPC) (2006). *Pesquisa Demográfica e de Saúde da Nigéria*, Abuja - Nigéria.

Nwafor, J.C. (2006). Environmental Impact Assessment for Sustainable Development: The Nigerian Perspective, Enugu, *Environmental and Development Policy Centre for Africa*, pp. 372-385.

Nwafor, J.C. (2007). Mudança climática global: The driver of multiple causes of flood intensity in sub-Saharan Africa. *Trabalho apresentado na Conferência Internacional sobre Mudança Climática e Sustentabilidade Econômica realizada na Universidade Nnamdi Azikiwe, Enugu, Nigéria,* de 12 a 14 de junho de 2007.

Odjugo, P.A.O. (2007). The Impact of Climate Change on Water Resources; Global and Regional Analysis, *Indonesian Journal of Geography,* 39(1): 23-41.

Odjugo, P.A.O. (2010). Regional Evidence of Climate Change in Nigeria (Evidência regional de mudança climática na Nigéria). Journal of Geography and Regional Planning Vol. 3(6), pp. 142-150, junho de 2010. Disponível on-line em http://www.academicjoumals.org/JGRP

Ogezi, E.A. (2002). Geology, em: Okafor, S., Osaghae, E., Ikporukpo, C., e Abumere, S.,(eds). *African Atlases: Atlas of Nigeria.* Les Editions J. A., Paris, França, pp. 60-61.

Oladipo, E.O. (1989). The Persistence of Wet and Dry days during the Growing Season in Maiduguri, Nigeria (A persistência de dias úmidos e secos durante a estação de crescimento em Maiduguri, Nigéria). *The Zaria Geographer.* 13; 1-8.

Oladipo, E. O. (1993 a). Some Aspects of the Spatial Characteristics of drought in northern Nigeria (Alguns aspectos das características espaciais da seca no norte da Nigéria). *Natural Hazards.* Kluwer Academic Publishers, Holanda, 8: 171-188.

Olaniran, O.J. (2002). *Rainfall anomalies in Nigeria: The Contemporary Understanding,* 55th Inaugural Lecture, University of Ilorin, University of Ilorin Press. 62 P.

Parry, M. L., Rosenzweig, C., Iglesias, A., Livermore, M., Fischer, G. (2004). Effects of Climate Change on Global Food Production under SRES emissions and Socioeconomic Scenarios, IN: *Journal for Global Environmental Change* 14 (2004) 53-67.

Richard, M. A. e Dannele, E, P. (2008). Effects of Climate Change on Water Resources (Efeitos da mudança climática nos recursos hídricos). *The magazine of food, farm and resource issues,* Classificações JEL: Q25, Q54.

Russ, W. (1952), The Geology of parts of Niger, Zaria and Sokoto provinces of Northern Nigeria with special reference to the occurrence of gold. *Geological Survey of Nigerian Bulletin.* pp.27-42.

Sawa, B. A. (2010). Climate Change and Spatio-temporal Variability in Occurrence of Dry Spells in northern Nigeria (Mudanças climáticas e variabilidade espaço-temporal na ocorrência de períodos de seca no norte da Nigéria), IN: *The Zaria Geographer.* Departamento de Geografia da ABU Zaria. Vol. 18, No. 1, 2010. pp 23.

Sowunmi, F. A. e Akintola, J. O. (2010). Effect of climate variability on Maize production in Nigeria (Efeito da variabilidade climática na produção de milho na Nigéria), IN: *Research Journal of Environmental and Earth Science*, 2(1): 19-30, Maxwell Scientific org.

Tomlinson, R. F. (1965). Soil Resources of the North Central Nigeria (Recursos do solo do centro-norte da Nigéria). *Ministério da Agricultura do Norte. Estado de Kaduna.*

Turkes, M. (1996). Meteorological Drought in Turkey (Seca meteorológica na Turquia): A Historical perspective, 1930. 93. Drought Network News, 8 (3): 17 - 21. *Boletim informativo do Centro Internacional de Informações sobre Secas e do Centro Nacional de Mitigação de Secas.*

MIX
Papier aus verantwortungsvollen Quellen
Paper from responsible sources
FSC® C105338

Printed by Books on Demand GmbH, Norderstedt / Germany